太空教师天文课

留住星空

"学习强国"学习平台　组编

科学普及出版社

·北　京·

编 委 会

支持单位

（按汉语拼音排序）

国家航天局

南京大学

中国科学院国家天文台

中国科学院紫金山天文台

序

习近平总书记高度重视航天事业发展，指出"航天梦是强国梦的重要组成部分"。在以习近平同志为核心的党中央坚强领导下，广大航天领域工作者勇攀科技高峰，一批批重大工程成就举世瞩目，我国航天科技实现跨越式发展，航天强国建设迈出坚实步伐，航天人才队伍不断壮大。

欣闻"学习强国"学习平台携手科学普及出版社，联合打造了航天强国主题下兼具科普性、趣味性的青少年读物《学习强国太空教师天文课》，以此套书展现我国航天强国建设历程及人类太空探索历程，用绘本的形式全景呈现我国在太空探索中取得的历史性成就，普及航天知识，不仅能让青少年认识了解我国丰硕的航天科技成果、重大科学发现及重大基础理论突破，还能激发他们的兴趣，点燃他们心中科学的火种，助力青少年的科学启蒙。

这套书在立足权威科普信息的基础上，充分考虑到青少年的阅读习惯，用贴近青少年认知水平的方式普及知识，内容涉及天文、历史、物理、地理等多领域学科，融思想性、科学性、知识性、趣味性为一体，是一套普及科学技术知识、弘扬科学精神、传播科学思想、倡导科学方法的青少年科普佳作。

我衷心期盼这套书能引领青少年走近航天领域，从小树立远大志向，勇担航天强国使命，将中国航天精神代代相传。

中国探月工程总设计师

中国工程院院士

2024 年 3 月

　　1957 年，苏联发射＂人造地球卫星 1 号＂，人类进入太空时代。

　　人类探索宇宙的活动越来越频繁，越来越多的空间碎片也伴随而来。

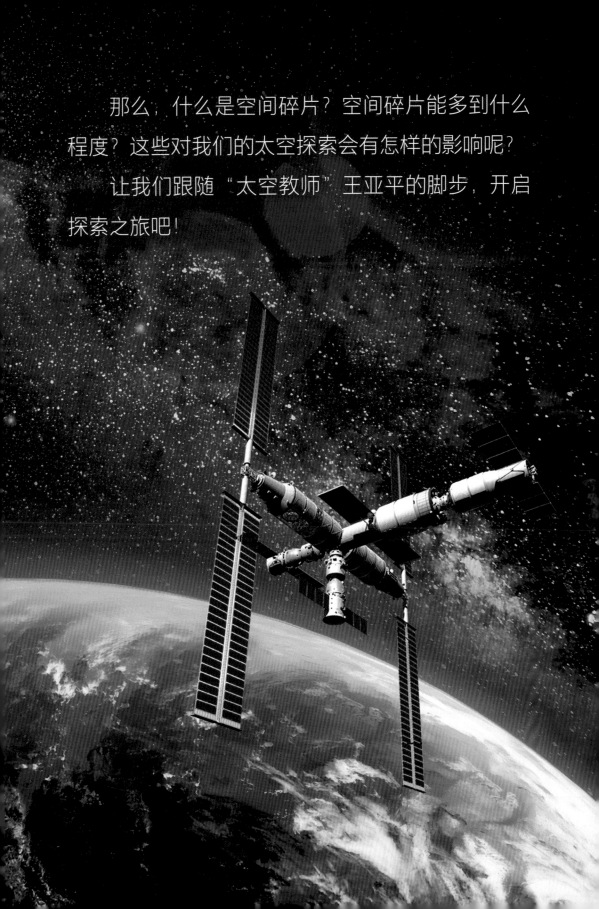

那么，什么是空间碎片？空间碎片能多到什么程度？这些对我们的太空探索会有怎样的影响呢？

让我们跟随"太空教师"王亚平的脚步，开启探索之旅吧！

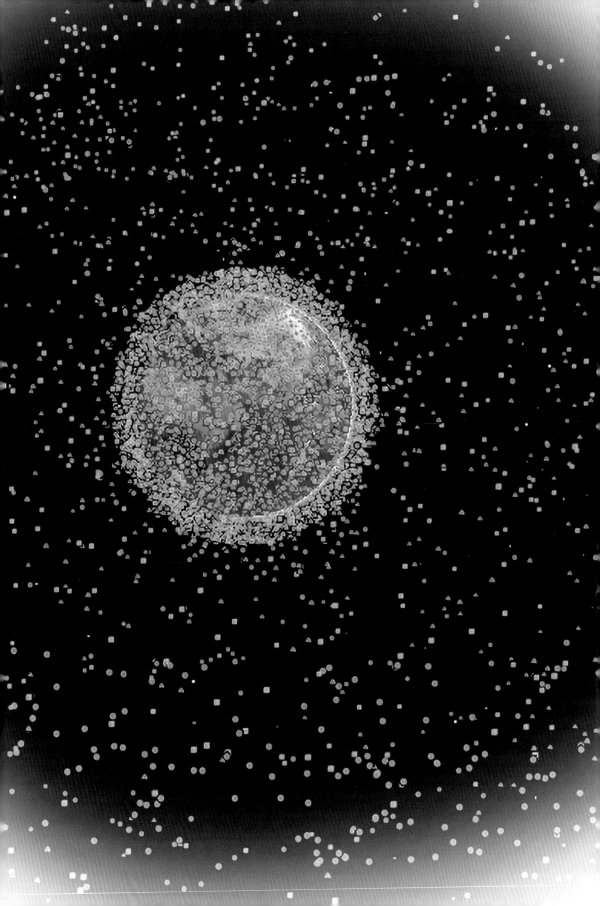

目 录

序   吴伟仁

01 涌入太空的"垃圾"   01

02 危险的"天外来客"   11

03 星空史诗   19

04 当光污染遮蔽了星空   25

05 保护暗夜星空   31

知 识 树   38

01

涌入太空的『垃圾』

扫码观看在线课程

首先我们来看这样一张图，笼罩地球的这一圈是地球的光环吗？不是。

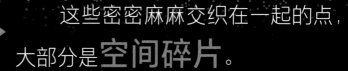

这些密密麻麻交织在一起的点，大部分是空间碎片。

什么是空间碎片呢

名词小课堂

空间碎片是人类遗弃在太空中的无功能的人造物体及其残块和组件，俗称"太空垃圾"，主要是失效航天器、火箭残骸、操作性碎片和解体碎片。

根据观测和分析，目前环绕着地球的长度大于 10 厘米的空间碎片大约有 3 万个，长度 1 到 10 厘米的空间碎片估计有 100 万个，毫米级的空间碎片大约有 1 亿个。

横行的太空垃圾

人类自 1957 年发射第一颗卫星以来，已将超过 8000 颗卫星送入地球轨道。失效卫星、火箭残骸、卫星运行过程中产生的垃圾等飘浮在太空中，形成了太空垃圾。而卫星和火箭残骸的破裂、解体以及这些物体间的碰撞，也使原本洁净的太空垃圾横行。

卫星

火箭残骸

解体碎片

失效卫星

虽然外太空是无限大的，但适于航天器运行的轨道空间是有限的。

随着航天器发射数量的增多、老旧卫星报废等问题的出现，空间碎片与航天器发生碰撞的概率就会有所提升。

空间碎片的巨大破坏力

空间碎片通常以第一宇宙速度运行，以同样速度运行的卫星如果不幸被一块1厘米长的小碎片撞到，相当于被一辆1吨重、时速50千米的车撞到，卫星几乎会粉身碎骨。

大量的空间碎片会对人类的太空资产和地面生命财产安全造成威胁。这种威胁主要来自空间碎片与航天器碰撞带来的危害，以及空间碎片陨落造成的危害。

最具应用价值的地球轨道主要集中在距地球 2000 千米以内的轨道区域，而这里也成为空间碎片的"集散地"。

砰！

实施空间碎片减缓行动、抑制空间碎片的产生，是保护太空环境、维持太空长期可持续利用的有效举措。为此，我国制定了《空间碎片减缓要求》这一国家标准。

可怕的空间碎片碰撞！

由于空间碎片的运动速度可达 7.9 千米 / 秒，平均撞击速度约 10 千米 / 秒，所以撞击动能非常可观。

毫米级碎片的累积撞击效应会导致航天器性能下降或失效，乒乓球大小的碎片撞击则可能直接造成航天器损毁。

雪崩效应

当某一轨道高度的空间碎片密度达到某个临界值时，碎片之间极有可能产生可怕的链式碰撞，引发"雪崩效应"，导致空间碎片的数量急剧增加，卫星轨道资源将会遭到永久性破坏，人类对太空的探索和利用将不得不终止，这种现象被人们称为"凯斯勒效应"。

一个 小碎片
引发的连环破坏案

大型空间碎片相互碰撞大约五年会发生一次，每次碰撞都会产生数千个碎片，相撞之后产生的碎片对于空间安全的影响是长期的。

我们再来说说陨落。很多航天器和火箭携带的动力装置和燃料具有毒性甚至放射性，例如 1978 年苏联核动力卫星陨落在加拿大，残骸散落带长达 1500 千米，因为涉及核燃料，还使国际纠纷升级。

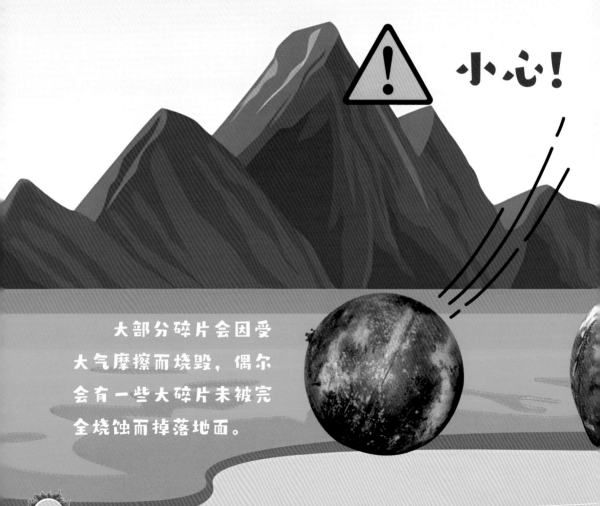

小心!

大部分碎片会因受大气摩擦而烧毁，偶尔会有一些大碎片未被完全烧蚀而掉落地面。

每当有大型碎片陨落，各国都会将其作为重大威胁事件予以极大关注。2011 年，一颗如公共汽车大小的美国高层大气研究卫星的陨落，就引起了全球恐慌。所幸其最终落入了海洋，未造成人、物的损伤。

有空间碎片掉落！

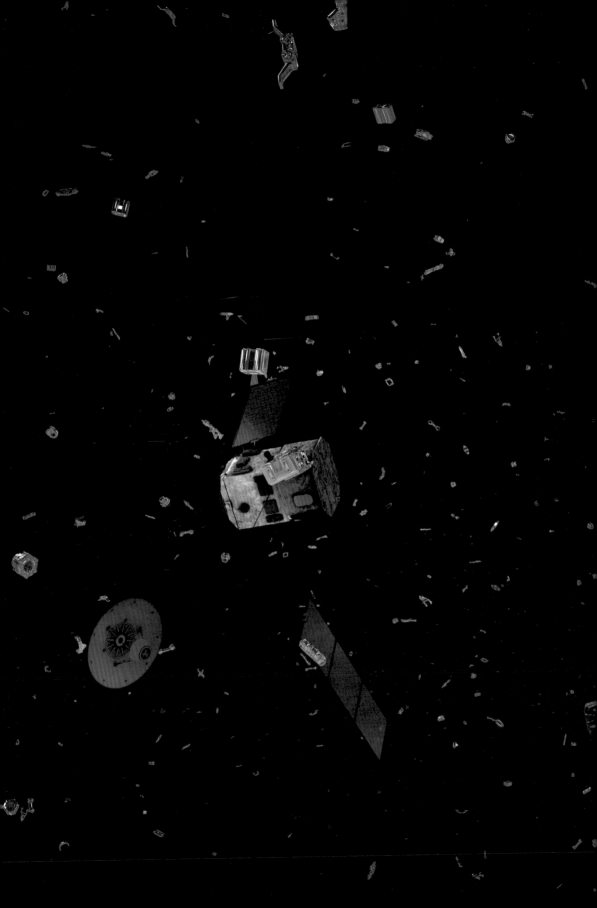

02

危险的「天外来客」

扫码观看在线课程

为了减轻空间碎片的危害，我们首先要通过监测了解它们。我们可以通过探测器推测航天器所在运行环境中的碎片分布情况，通过地面或天基设备对大碎片进行监测，实现对空间碎片的精密定轨，从而预报航天器未来可能遭遇的碰撞危险，提前采取轨道机动等措施。

2003年，"神舟五号"飞船发射，中国完全用自己的技术解决了发射窗口的问题。从"神舟六

如何发现

方法一：望远镜探测

望远镜是传统的天体观测设备，它通过恒星本身发的光和行星反射恒星的光来进行观测。空间碎片本身不发光，所以只有在同时满足下列条件时，才能看到空间碎片划过天空：太阳已经落山，或还没有升起，观测站的天空是黑暗的；在高空运行的空间碎片仍在太阳光的照射下，是亮的；天气晴朗，没有云层阻挡。

发现我啦！ 空间碎片

望远镜看不见我。 空间碎片

黑夜

白天

碎片轨道

号"飞船开始，做发射预警、躲避碰撞已经成为常态化的事情。

　　2011年9月29日，"天宫一号"发射成功，它是我国首个使用空间碎片防护设计的航天器，在轨四年半的时间里经受住了空间碎片环境的考验，标志着我国空间碎片防护技术取得重大突破。后来我们的空间站也应用了更先进的空间碎片防护技术，性能指标达到了国际领先水平。

空间碎片？

方法二：雷达探测

　　和望远镜不同，雷达采用"主动"的方式进行探测，由发射机发出一束无线电波，照射到空间碎片后被反射，由接收机接收反射电波，从而获得空间碎片特性。其优点是不受太阳光照和天空背景亮度的影响，无论是白天还是黑夜，是晴天还是阴天，都能探测。

空间碎片

不管白天还是黑夜，你都逃不出我的法眼！

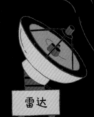

雷达

"神舟"系列飞船大事记

∧"天宫一号"与"神舟八号"交会对接示意图

1 1999 年 11 月 20 日,"神舟一号"无人飞船成功发射,这是中国载人航天工程发射的第一艘飞船。

2 2003 年 10 月 15 日,我国首艘载人飞船"神舟五号"成功发射,将航天员杨利伟顺利送入太空。我国成为世界上第三个独立掌握载人航天技术的国家。

3 2005 年 10 月 12 日,航天员费俊龙、聂海胜搭乘"神舟六号"载人飞船进入太空,于 10 月 17 日安全返回。我国实现"多人多天"太空飞行。

4 2008 年 9 月 27 日,"神舟七号"航天员翟志刚实现中国人首次太空行走。

5 2011 年 11 月 3 日 和 11 月 14 日,"天宫一号"目标飞行器和"神舟八号"飞船先后进行了两次空间交会对接试验,均取得圆满成功。

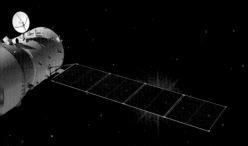

2022 年 11 月 30 日，"神舟十五号"航天员顺利进驻中国空间站，两个航天员乘组首次实现"太空会师"。

10

2024 年 3 月 2 日，"神舟十七号"航天员首次完成在轨航天器舱外设施的维修任务。

9

2021 年 6 月 17 日，"神舟十二号"航天员乘组先后进入"天和"核心舱，中国人首次进入自己的空间站。

8

7

6

2021 年 10 月 16 日，航天员翟志刚、王亚平、叶光富搭乘"神舟十三号"载人飞船进入太空，在轨飞行 183 天，刷新中国航天员单次飞行任务太空驻留时间纪录。

2013 年 6 月 20 日，执行"神舟十号"载人飞行任务的航天员王亚平、聂海胜、张晓光默契配合，为全国中小学生进行首次太空授课。

太空中的"清道夫"

除了躲避、防护等被动方法，还可以采取限制碎片产生、减轻碎片影响、清除碎片等主动措施减轻空间碎片预警和航天器防护压力。

三种
清除方式

1 用飞爪装置把废弃的航天器抓回来。

自"人造地球卫星1号"发射以来，太空垃圾已经逐渐积累至今。既然太空垃圾的产生不可避免，那人类更应该注重后续垃圾清理和空间维护，保证外空活动可持续发展。

从古至今，广袤神秘的星空始终牵引着人类的浪漫想象、探寻脚步和终极求索。但是人类的进取也不可避免地对宇宙空间造成影响，我们应该如何自我调适与约束？下面让我们一起来学习如何留住美丽的星空。

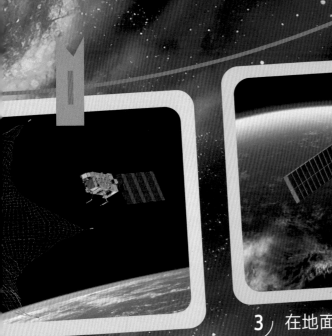

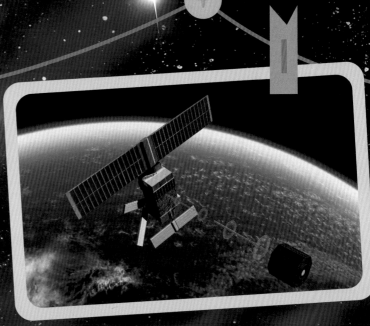

2）用电动力绳、飞网把航天器包住后拖回来。

3）在地面或空中用激光去打航天器，使航天器表面产生烧蚀的等离子体，等离子体可以改变航天器的轨道，把轨道降下来。

03

星空史诗

扫码观看在线课程

星座从何而来？

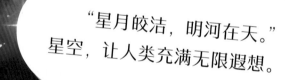

"星月皎洁，明河在天。"
星空，让人类充满无限遐想。

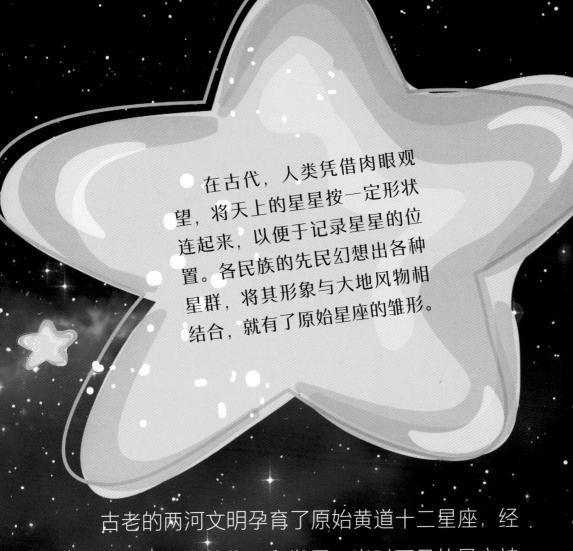

在古代，人类凭借肉眼观望，将天上的星星按一定形状连起来，以便于记录星星的位置。各民族的先民幻想出各种星群，将其形象与大地风物相结合，就有了原始星座的雏形。

古老的两河文明孕育了原始黄道十二星座，经古希腊天文学家的传承和发展，当时可见的星空被划分为 48 个星座，这 48 个星座经过阿拉伯人的传承，又经历欧洲文艺复兴、大航海时代、工业革命等一系列历史时期的影响，最终在大约 100 年前，固定成为国际通用的 88 星座，进而成为天文学家和观星者划分天空区域的标准。

二十八宿里的中国式浪漫

　　我国早在先秦时期就已经有了星宿和星官的雏形，人们通过观察三星、大火星、昴星、北斗星等特殊的星或者星群来参悟农时。后来，形成了三垣四象二十八宿系统。

　　有趣的是，不同于国外以动物、神话人物为星座名，中国古人将生活搬上了星空。

二十八宿分别是什么？

二十八宿分为四组，东西南北四方各七宿：东方青龙七宿是角、亢、氐、房、心、尾、箕；北方玄武七宿是斗、牛、女、虚、危、室、壁；西方白虎七宿是奎、娄、胃、昴、毕、觜、参；南方朱雀七宿是井、鬼、柳、星、张、翼、轸。

夜空中既有青龙、白虎等动物图腾，也有鸡、狗、牛、猪这样的农家牲畜；既有兵、将、枪、戈等战场元素，也有仓廪、箕筐等农业元素。

04

当光污染遮蔽了星空

扫码观看在线课程

对于普通人而言，光污染剥夺的仅是享受星空的权利，而对于天文学家来说，光污染对天文观测是致命的打击。

灯光将夜空照亮，暗弱的天体发出的光芒被灯光遮蔽，而它们恰恰是研究天文前沿所需观测的天体，这些遥远的星体蕴含着宇宙早期的秘密。

一些光学天文台站因城市光污染而逐步废弃。如何保护黑夜、保护星光，成为公众和天文学家必须面对的课题。

奇怪，我怎么看不到星星了？

适当减少灯光的使用，降低光强，限制光源的方向，使用更加健康的暖色光以及低能耗的光源，这些都能够减少灯光对夜空的污染。此外，限制灯光的过度使用，建设暗夜保护区、暗夜公园、暗夜社区，既能够让大家有机会看到头顶的星空，也能保障天文学家对宇宙奥秘的持续探索。

　　我国幅员辽阔，西部高海拔地区拥有国际上公认优良的光学天文台选址条件，我国天文工作者在近几十年中踏遍祖国河山，在青藏高原周边的西藏阿里、四川稻城、新疆慕士塔格和青海冷湖等地选址，一批世界一流的天文观测基地即将落户祖国西部。

天文台选址有什么讲究？

首先，需要考虑大气状况。对于光学天文台的光学观测来说，云量的多少会影响可观测的时间，大气吸收会使星光减弱，大气温度和密度起伏引起的折射率变化会影响星像的质量等。

其次，天文台选址时应远离人口密集的城市和工厂。城市灯光会使夜天光增亮，工厂排出的粉尘会增加大气的吸收。

你知道吗？

很多天文台建在山上，因为山上云量小、温度低，而且空气稀薄、清新，能最大限度地避免烟雾、尘埃等对观测效果的影响，满足观测需求。天文台除了可以建在山上，也可以建在海底。建在海底的天文台主要是为了观测携带着宇宙信息的中微子。

05

保护暗夜星空

扫码观看在线课程

在宇宙中，还有许多我们看不见的光，它们一样蕴藏着宇宙的秘密。20 世纪 60 年代迅速发展起来的射电天文学就带来了革命性的发现。

人们利用对宇宙无线电波的观测，发现了类星体、星际分子、脉冲星、宇宙微波背景辐射等，这一系列发现改变了人类对宇宙的认知。

与保护暗夜一样，射电天文观测也受到了"光污染"的影响，不过这个光污染并非可见光，而是手机、电视、电脑等产生的各种无线电波。虽然人类肉眼看不到无线电波，但它们无处不在。

射电天文学：人类的"超感"

在很长一段时间里，人类只能看到天体的光学形象，而射电天文学则为人们呈现出天体的另一面——无线电形象。由于无线电波可以穿过光波通不过的尘埃和气体，所以射电天文观测能够深入以往仅凭光学方法看不到的地方。

为避免无线电通信对射电天文观测产生干扰，我们需要做好射电宁静保护。

∨ "中国天眼"

在我国，为了保护"中国天眼"的观测环境，贵州省专门制定规章，以"中国天眼"为圆心，半径 5 千米的区域为核心区，5~10 千米的环带为中间区，10~30 千米的环带为边远区，严格控制无线电发射设备或者产生电磁辐射的电子产品的使用，使"中国天眼"能拥有一片相对安静的夜空。

　　原始社会，襁褓中的人类就开始仰望星空、描绘苍穹，如今的天文观测更是进入多波段、多信使时代。

　　在科技手段不断延伸、拓展人类宇宙观测视野

的同时，现代生活也给星空增添了不少麻烦。

　　保护暗夜与星空，为天文学家保留一扇观测之窗，让人类永葆一份星空向往，让我们一起继续探究更为深远的宇宙吧！

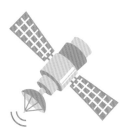

星空史诗 **03**
- 星座的起源和发展
- 二十八宿

04 **当光污染遮蔽了星空**
- 如何应对光污染
- 天文台选址的讲究

危险的"天外来客" **02**
- 我国应对空间碎片的措施
- 如何发现空间碎片
- "神舟"系列飞船大事记
- 空间碎片的清除方式

05 **保护暗夜星空**
- 射电天文学
- 我国对"中国天眼"采取的保护措施

涌入太空的"垃圾" **01**
- 什么是空间碎片
- 空间碎片的破坏力
- 凯斯勒效应
- 空间碎片陨落的危害